by James Richard

POLYNOMIALS WORKBOOK

January 2020

Copyright © 2020

All rights reserved. No part of this publication may be reproduced, distributed, or transmitted in any form or by any means, including photocopying, recording, or other electronic or mechanical methods, without the prior written permission of the publisher, except in the case of brief quotations embodied in critical reviews and certain other noncommercial uses permitted by copyright law. For permission requests, write to the publisher using address below.

delightfulbook@gmail.com

© 2020

Contents

POLYNOMIALS 1
   Definition 1
EQUALITY OF POLYNOMIALS 5
SUM OF COFFICIENTS ON POLYNOMIALS 7
SUM &SUBSTRACTION ON POLYNOMIALS 9
MULTIPLICATION ON POLYNOMIALS 12
DIVISION ON POLYNOMIALS 14
RULE 3 20
RULE 4 23
TEST WITH SOLUTION 27

POLYNOMIALS

Definition

A polynomial is any function f of the form

$P(x) = a_0.a_1x.a_2x^2............a_nx^n$ where

$a_0.a_1.a_2............a_n$ are real numbers ($\in R$) and where n
Is a natural number.

Example:

1. $P(x) = 4x^6 - 3x^{-2} + 6x + 1$

$P(x)$ is not a polynomial because the power of

$-3x^{-2}$ is -2, but -2 is not a natural number.

2. $P(x) = 6x^5 + 7x^3 + x^{\frac{1}{2}} + 3$

$P(x)$ is not a polynomial because of the power "$\frac{1}{2}$",

"$\frac{1}{2}$" is not a natural number.

Example:

($P(x)$ is a polynomial)

$P(x) = ax^6 + (a-b+3)x^{-3} + (a+b-9)x^{-2} + bx$

$\Rightarrow P(x) = ?$

A) $2x^6 + 3X$ B) $3x^6 + 6X$ C) $5x^6 + 4X$

D) $2x^6 + 5X$ E) $3x^6 + 9X$

(Solution):

$a - b + 3 = 0$
$+ a + b - 9 = 0$
$\overline{}$
$2a - 6 = 0$

a=3,(and)b=6

$\Rightarrow P(x) = 3x^2 + 6$

-Answer B

(Example)

(P(x) is a polynomial)

$P(x^2) = (a-2)x^5 + ax^4 + (b-4)x^3 + 2bx^2 + 3b$

$\Rightarrow P(x) = ?$

A) $2x^2+8X+12$ B) $2x^2+4X+1$ C) $4x^2+12X+6$

D) $3x^2+5X+8$ E) $2x^2+6X+4$

(Solution):

$P((\sqrt{x})^2) = (a-2)(\sqrt{x})^5 + a(\sqrt{x})^4 + (b-4)(\sqrt{x})^3 + 2b(\sqrt{x})^2 + 3b$

$\Rightarrow P(x) = (a-2)x^{\frac{5}{2}} + ax^2 + (b-4)x^{\frac{3}{2}} + 2bx + 3b$

$a=2=0 \Rightarrow a = 2$

$b-4=0 \Rightarrow b = 4$

$P(x) = 2x^2 + 2 \cdot 4x + 3 \cdot 4$

$= 2x^2 + 8x + 12$

-Answer A

(Example):

$x^3 \cdot P(x) = ax^8 + (b-2)x^5 + (a-4)x + b - 5 \Rightarrow P(x) = ?$

A) $3x^5 + 2x^2$ B) $3x^2 + 4x^2$ C) $4x^5 + 3x^2$

D) $8x^5 + 2x^2$ E) $7x^5 + 2x^2$

(Solution):

$\dfrac{x^3 P(x)}{x^3} = \dfrac{ax^6}{x^3} + \dfrac{(b-2)x^5}{x^3} + \dfrac{(a-4)x}{x^3} + \dfrac{b-5}{x^3}$

$P(x) = ax^5 + (b-2)x^2 + (a-4)x^{-2} + (b-5)x^{-3}$

$a-4=0$ (and) $b-5=0$

$a=4, b=5$

$P(x) = 4x^5 + (5-2)x^2$

$= 4x^5 + 3x^2$

-Answer C

(Example):

$P(x) = -3x^3 + 4x^2 - X + m + 1$

$P(2) = 4 \Rightarrow m = ?$

(Solution):

$P(2) = -3.2^3 + 4.2^2 - 2 + m + 1 = 4$

-3.8+4.4-2+m+1=4

-24+16-2+m+1=4

-9+m=4

m=9+4

m=13

(Example):

$P(x) = 5x^6 - 4x^3 + 11 \Rightarrow \qquad P(\sqrt[3]{2}) = ?$

(Solution):

$P(\sqrt[3]{2}) = 5.(\sqrt[3]{2})^6 - 4(\sqrt[3]{2})^2 + 11$

=5.4-4.2+11

=20-8+11

=23

(Example):

$n \in Z$

$P(x) = 5.(x-2)^{2n} - 7(2-x)^{2n-1} \Rightarrow P(1) = ?$

(Solution):

$P(1) = 5.(1-2)^{2n} - 7(2-1)^{2n-1}$

$= 5.(-1)^{2n} - 7 \cdot 1^{2n-1}$

$= 5 \cdot 1 - 7 \cdot 1$

$= 5 - 7$

$= -2$

EQUALITY OF POLYNOMIALS

$P(X) = a_n x^n + a_{n-1} x^{0-1} + \ldots + a_1 x + a_0$

$Q(x) = b_n x^n + b_{n-1} x^{n-1} + \ldots + b_1 x + b_0$

$P(x) = Q(X) \Rightarrow a^n = b_n, a_{n-1}, \ldots a_1 = b_1, a_0 = b_0$

(Example):

$P(x) = (x^2 + 1).(x+3)$

$Q(x) = x^3 + ax^2 + bx + c$

$P(x) = Q(x) \Rightarrow a = ?, b = ?, c = ?$

(Solution):

$P(x) = (x^2 + 1)(x+3) = x^3 + ax^2 + bx + c = Q(x)$

$P(x) = x^3 + 3x^2 + 1x + 3 = |x^3 + ax^2 + bx + c = Q(x)$

$\Rightarrow a = 3, b = 1, c = 3$

(Example):

$P(x) = (x-2)(x^2 + px + 3) + x - 5$

$Q(x) = x^3 + 3x^2 + bx + c$

$P(x) = Q(x) \Rightarrow b + p = ?$

A) -5 B) -4 C) -3

D) -2 E) -1

(Solution):

$P(x) = x^3 + x^2(p-2) + (4-2p)x - 11$

$Q(x) = x^3 + 3x^2 + bx + c$

$P(x) = Q(x)$
$\Rightarrow p - 2 = 3 \Rightarrow p = 5, 4 - 2p = b \Rightarrow b = 4 - 10 = -6, c = -11$

b+p=5-6=-1

SUM OF COFFICIENTS ON POLYNOMIALS

A polynomial P(x) is given

1. To find the sum of the coefficients of P(x).write 1 Instead of x.

2. To find the constant term of P(x).write 0 instead of x.

P(0)=Constant term

(Example):

$P(x)=(x^2-x+2)^3(x^4-2x+4)^2$

What is the sum of the coefficients of P(x)?

A)48   B)66   C)72   D)84   E)90

(Solution):

X=1

$P(1)=(1-1+2)^3.(1-2+4)^2$

$=(2)^3.(3)^2 = 8.9 = 72$

-Answer C

(Example):

$P(x^3+8) = x^6 - 2x^3 + 1.$

What is the constant term of P(x)?

A)70 B)72 C)78 D)81
E)85

(Solution):

$x^3 + 8 = 0 \Rightarrow x^3 = -8 \Rightarrow x = -2$

P(0)=$(-2)^6 - 2(-2)^3 + 1$

=64+16+1

=81

(Answer D)

SUM &SUBSTRACTION ON POLYNOMIALS

(Example):

$P(x) = 4x^3 + 6x - 1$

$Q(x) = 6x^3 + 2x + 9$

$\Rightarrow P(x) + Q(x) = ?$

(Solution):

$P(x)+Q(x) = 4x^3 + 6x - 1 + 6x^3 + 2x + 9$

$= 10x^3 + 5x + 8$

(Example):

$P(x) = 4x^4 - 5x^3 - 7$

$Q(x) = -3x^4 + 6x^3 + 3$

$\Rightarrow P(x) - Q(x) = ?$

(Solution):

$P(x)-Q(x) = (4x^4 - 5x^3 - 7) - (3x^4 + 6x^3 + 3)$

$= 4x^4 - 5x^3 - 7 + 3x^4 - 6x^3 - 3$

$= 7x^4 - 11x^3 - 10$

(Example):

$P(x) = 2x^3 - 4x^2 + 5x - 1$

$Q(x) = 6x^2 - 4x + 3$

1. $P(x) + Q(x) = ?$
2. $P(x) - Q(x) = ?$

(Solution):

1. $P(x) + Q(x) = \dfrac{2x^3 - 4x^2 + 5x - 1}{P(x)} + \dfrac{6x^2 - 4x + 3}{Q(x)}$

$= 2x^3 + 2x^2 + x + 2$

2. $P(x) - Q(x) = \dfrac{2x^3 - 4x^2 + 5x - 1}{P(x)} - \dfrac{(6x^2 - 4x + 3)}{Q(x)}$

$= 2x^3 - 4x^2 + 5x - 1 - 6x^2 + 4x - 3$

$= 2x^3 - 10x^2 + 9x - 4$

(Example):

$P(x) = x^4 - x^3 + 2x^2 + 3x + 2$

$Q(x) = x^4 + 3x^2 - x + 5$

1. $P(x) + Q(x) = ?$
2. $P(x) - Q(x) = ?$

(Solution):

1. $P(x)+Q(x) = \dfrac{x^4 - x^3 + 3x + 2}{P(x)} - \dfrac{x^4 + 3x^2 - x + 5}{Q(x)}$

$= x^3 + 5x^2 + 2x + 7$

2. $P(x)-Q(x) = \dfrac{x^4 - x^3 + 2x^2 + 3x + 2}{P(x)} - \dfrac{(-x^4 + 3x^2 - x + 5)}{Q(x)}$

$= x^4 - x^3 + 2x^2 + 3x + 2 + x^4 - 3x^2 + x - 5$

MULTIPLICATION ON POLYNOMIALS

(Example):

$P(x) = x^2 - 3x + 4$

$Q(x) = x^3 - 2x^2 - 1$

$\Rightarrow P(x).Q(x) = ?$

(Solution):

$P(x).Q(x) = (x^2 - 3x + 4).(x^3 - 2x^2 - 1)$

$= x^5 - 2x^4 - x^2 - 3x^4 + 6x^3 + 3x + 4x^3 - 8x^2 - 4$

$= x^5 - 5x^4 + 10x^3 - 9x^2 + 3x - 4$

(Example):

$P(x) = x^3 - x^2, Q(x) = x^2 + ax - 9$

$P(x).Q(x) = x^5 + 4x^4 - 14x^3 + 9x^2 \Rightarrow a = ?$

$P(x).Q(x) = (x^3 - x^2).(x^2 + ax - 9)$

$= x^5 + ax^4 - 9x^3 - x^4 - ax^3 + 9x^2$

$= x^5 + (a-1)x^4 - (9+a)x^3 + 9x^2$

a-1=4 $\Rightarrow a = 5$

(Example):

$P(x).Q(x) = x^4 + x^3 - 3x^2 - 4x - 4$

$P(x) = x^2 - 4, Q(x) = x^2 + ax + 1 \Rightarrow a = ?$

(Solution):

$P(x).Q(x) = (x^2 - 4).(x^2 + ax + 1)$

$= x^4 + ax^3 + x^2 - 4x^2 - 4ax - 4$

$= x^4 + ax^3 - 3x^2 - 4ax - 4$

$= ax^4 + ax^3 - 3x^2 - 4ax - 4$

$= ax^3 = x^3$

a=1

(Example):

$P(x) = 2x^3 - 4x^2 - 3x + 5$

$Q(x) = -3x^4 - 2$

$\Rightarrow P(x).Q(x) = ?$

(Solution):

$P(x).Q(x) = 2(x^3 - 4x^2 - 3x + 5).(-3x^4 - 2)$

$=-6x^7 - 4x^3 + 12x^6 + 8x^2 + 9x^5 + 6x - 15x^4 - 10$

$=-6x^7 + 12x^6 + 9x^5 - 15x^4 - 4x^3 + 8x^2 + 6x - 10$

DIVISION ON POLYNOMIALS

1.(Identity of Division):

$$\frac{P(x)}{Q(x)} \div \frac{Q(x)}{T(x)}$$

P(x)=Q(x).T(x)+K(x)

K(x) is the remainder

(Example):

$$\frac{P(x)}{4} \div \frac{x-3}{Q(x)}, \frac{Q(x)}{2} \div \frac{x+3}{T(x)} \Rightarrow \frac{P(x)}{?} \div x^2 - 9$$

A)3x+4 B)2x-2 c)2x+7

D)4x+1 E)5x+4

(Solution):

$$\frac{P(x)}{4} \div \frac{x-3}{Q(x)}$$

P(x)=(x-3).Q(x)+4

$$\frac{Q(x)}{2} \div \frac{x+3}{T(x)}$$

Q(x)=(x+3).T(x)+2

$P(x) = (x-3)[(x+3).T(x) + 2] + 4$

$= (x^2 - 9).T(x) + 2x - 6 + 4$

$= (x^2 - 9).T(x) + 2x - 2$

2x-2 (Remainder)

Answer

b

RULE 1:

To find the remainder of P(x) divided by (x+a) is equal to p(-a). Since (x+a) is a first order polynomial, the remainder must always be equal to real number.

P(x)=(x+a).T(x)+k

P(-a)=(-a+a).T(x)+K=K

$\Rightarrow P(-a) = K$

(Example):

$P(x) = x^3 - 2x^2 + ax + 8$

$\dfrac{P(x)}{18} \div x - 2 \Rightarrow a = ?$

A)1   B)2   C)3

D)4   E)5

(Solution):

$x - 2 = 0 \Rightarrow x = 2$

$P(2) 2^3 - 2.2^2 + a.2 + 8$

18=8-8+2a+8

$2a=10 \Rightarrow a = 5$

Answer B

(Example):

$P(3x+4) = x^3 + x^2 - x + 9 \Rightarrow$

$\dfrac{P(x)}{?} \div x + 2$

A) 13   B) 9   C) 11

D) 10   E) 7

(Solution):

1. $x+2=0 \Rightarrow x = -2$

2. $3x+4 = -2$

$3x = -6 \Rightarrow x = -2$

$P(3(-2)+4) = (-2)^3 + (-2)^2 - 2 + 9$

$P(-2) = -8 + 4 + 2 + 9$

= 7

Answer C

(Example):

$P(4x-1) = x^3 - x^2 + 2x - 5 \Rightarrow$

$\dfrac{\overline{P(x)}}{?} \div x-3$

A)2   B)1   C)0

D)-1   E)-3

(Solution):

1. x-3=0 $\Rightarrow x = 3$

2. 4x-1=3

4x=4 $\Rightarrow x = 1$

$P(4.1-1) = 1^3 - 1^2 + 2.1 - 5$

P(3)=1-1+2-5

=-3

                                                                            Answer E

(RULE2): (x-a).P(x)=Q(x) $\Rightarrow Q(a) = 0$

(Example):

(x-1)P(x)= $x^4 + ax^3 + 3x - 7 \Rightarrow a = ?$

A)2   B)3   C)5

D)7   E)8

(Solution):

x-1=0⇒$x=1$

$1^4 + a \cdot 1^3 + 3 \cdot 1 - 7 = (1-1)P(1)$

1+a+3-7=0

a=3

Answer B

(Example):

(x-2)P(x)=$x^4 - ax^2 + 2x + 8$ ⇒

$\dfrac{P(x)}{?} \div x - 1$

A)-4   B)-3   C)-1

D)3   E)5

(Solution):

1. x-2=0⇒$x=2$

(2-2)P(2)=16-4a+4+8

0=28-4a

a=7

2. x-1=0⇒$x=1$

(1-2)P(1)=1-7+2+8

−1P(1)=4

P(1)=−4

(Remainder)=P(1)=−4

Answer A

(Example):

$9x^2 + 3x + 7 = (3x + 1).Q(x) + a \Rightarrow a = ?$

A)1 B)2 C)4

D)7 E)9

(Solution):

$3x+1=0 \Rightarrow x = -\dfrac{1}{3}$

$9\left(-\dfrac{1}{3}\right)^2 + 3\left(-\dfrac{1}{3}\right) + 7 = \left(3\left(-\dfrac{1}{3}\right) + 1\right).Q\left(-\dfrac{1}{3}\right) + a$

$9.\dfrac{1}{9} - 3.\dfrac{1}{3} + 7 = a$

a=1−1+7

a=7

RULE 3

To Find the remainder of P(x) divided by $(x^n \pm a)$.

Insert$(x^n = \pm a)$ in the polynomial $P(x)$.

(Example):

$P(x) = x^{16} - 2x^{11} + 6x^6 + 3 \Rightarrow$

$\dfrac{P(x)}{?} \div x^5 + 2$

A) -28x+3 B) 4x+9 C) -17x+21

D) -14x+7 E) 21x+18

(Solution):

$x^5 + 2 = 0 \Rightarrow x^5 = -2$

$P(x) = x \cdot x^{15} - 2x \cdot x^{10} + 6x \cdot x^5 + 3$

$= x(x^{5^2}) - 2x(x^{5^2}) + 6x(x^6) + 3$

(Remainder) $= x(-2)^3 - 2x(-2)^2 + 6x(-2) + 3$

$= -8x - 8x - 12x + 3$

$= -28x+3$

Answer A

(Example):

$(x^2 + 4)P(x) + 8x = ax^2 + 2ax + b + 3 \Rightarrow b = ?$

A) 6   B) 8   C) 10

D) 13   E) 15

(Solution):

$x^2 + 4 = 0 \Rightarrow x^2 = -4$

((-4)+4)P(x)+8x=a(-4)+2ax+b+3

8x=2ax+b-4a+3

2a=8 $\Rightarrow a = 4$

b-4a+3=0

b-16+3=0

b=13

      Anwer D

(Example):

P(-1)=10

P(1)=4 $\Rightarrow$

$$\frac{P(x)}{?} \div \frac{x^2 + 1}{x + 2}$$

A)2x+1   B)-5x+3   C)-3x+7

D)8x+1   E)-2x-4

(Solution):

$P(x) = (x^2 + 1)(x + 2) + ax + b$

X=1 ⇒ $P(1) 6 + a + b = 4$ ⇒ $a + b = -2$

⇒ $P(-1) = 2 - a + b = 10$ ⇒ $\dfrac{b - a = 8}{2b = 6}$

X=-1 $b = 3$

a=5 ⇒ $ax + b = -5x + 3$

Answer B

(Example):

$P(x) = x^3 - 3x^2 + 4x - 9$

$\dfrac{P(x)}{?} \div x^2 - x + 1$

A)2x+5   B)x+9   C)x-7

D)3x-5   E)5x+8

(Solution):

$x^2 - x + 1 = 0 \Rightarrow x^2 = x - 1$

(if we write x-1 instead of x^2 in $P(x)$.)

$P(x) = x \cdot x^2 - 3x^2 + 4x - 9$

(Remainder) $= x(x-1) - 3(x-1) + 4x - 9$

$= x^2 - x - 3x + 3 + 4x - 9$

$= x - 1 - 6 = x - 7$

Answer C

RULE 4

1. The remainder of P(x) and Q(x) divided by (x-a) are Equal to A and B, respectively.

a) The remainder P(x) $\pm$ Q(x) devided by (x-a) is equal to A $\pm$ B.

b) The remainder P(x).Q(x) divided by (x-a) equal to A.B

2. The remainder of P(x) divided by (x-a) and (x-b) are Equal to A and B, respectively. Then, the remainder P(x) divided by (x-a).(x-b) is in the form of to mx+n).

(Example)

$\dfrac{P(x)}{3} \div x - 4$

$\dfrac{Q(x)}{4} \div x - 4$

$$\frac{x.P(x) + (x+1).Q(x).x^2 + 2x}{?} \div x - 4$$

A) 56 B) 48 C) 46

D) 44 E) 40

(Solution):

1. x-4=0 ⟶ x = 4

P(4)=3. Q(4)=4

2. (Remainder)=4P(4)+(4+1).Q(4)+4^2 + 2.4

= 4.3+5.4+16+8

12+20+24

=56

Answer A

(Example):

$$\frac{P(x)}{12x+7} \div (3x-4)^2 \Rightarrow \frac{P(x)}{?} \div 3x - 4$$

A) 15 B) 17 C) 19

D) 21 E) 23

(Solution):

3x-4=0 ⟹ $x = \frac{4}{3}$

P(x)=$(3x-4)^2 Q(x) + 12x + 7$

$X=\dfrac{4}{3}$

$P(\dfrac{4}{3})=\dfrac{(\dfrac{4}{3}\cdot 3-4)^2}{0}Q(\dfrac{4}{3})+12\dfrac{4}{3}+7$

(Remainder)=0+4.4+7

=23

Answer E

(Example):

$P(x)$
$\dfrac{\overline{}}{5}\div x-2$

$\dfrac{\overline{Q(x)}}{9}\div x-3 \Rightarrow \dfrac{\overline{P(x)}}{?}\div (x-2)(x-3)$

A)2x-7 B)4x+8 C)4x-3

D)8x+9 E)12x-1

(Solution):

K(x)=mx+n

x-2=0 $\Rightarrow x=2 \Rightarrow 2m+n=5$

$\underset{x-3=0}{\Rightarrow x=3}\Rightarrow \dfrac{-3m+n=9}{-m=-4}$

m=4(and)n=-3

K(x)=4x-3

Answer C

(Example):

$P(x) = x^3 - x^2 + ax + b$

$$\frac{P(x)}{0} \div x^2 - 3x + 2 \Rightarrow a + b = ?$$

A) 5   B) 4   C) 2

D) 0   E) -2

(Solution):

$x^2 - 3x + 2 = (x - 1)(x - 2)$

1. X-1=0 $\Rightarrow x = 1$

P(1)=1-1+a+b=0 $\Rightarrow a = -b$

2. x-2=0 $\Rightarrow x = 2$

P(2)=8-4+2a+b=0

2a+b+4=0

-2b+b+4=0

    b=4, a=-4

a+b=4(-4)=0

        Answer D

TEST WITH SOLUTION

1. $P(x)=x+4, Q(x)=x^2-5x \Rightarrow P(x)+Q(x)=?$

A) x^2-4x B) x^2-4 C) x^2+4x+4

D) $(x-2)^2$ E) $(x+4)^2$

(Solution):

$P(x)+Q(x)= \underset{P(x)}{\underline{x+4}} + \underset{Q(x)}{\underline{x^2-5x}}$

$= x^2-4x+4$

$= (x-2)^2$

Answer D

2. $(x^3-4x^2+3x).(x^2-5x+1) = \ldots + a.x^4 + \ldots$

$\Rightarrow a = ?$

A) -11   B) -10   C) -9

D) -8   E) -7

(Solution):

$(x^3-4x^2+3x).(x^2-5x+1)$

$-5x^4 - 4x^4 = ax^4$

$-9x^4 = ax^4$

a=-9

Answer C

3. $P(x-4) = 2x^2 + 3x + 4 \Rightarrow P(1) = ?$

A) 69   B) 70   C) 71

D) 72   E) 73

(Solution):

$P(x-4) = 2x^2 + 3x + 4$

$\Rightarrow x - 4 = 1 \Rightarrow x = 5$

$P(5-4) = 2.5^2 + 3.5 + 4$

=2.25+15+4

=50+15+4

=69

Answer A

4. $P(x-3) = x^3 + 2x^2 - x + a, \quad P(-1) = 5 \Rightarrow a = ?$

A) -10   B) -9   C) -8

D) -7   E) -6

(Solution):

$P(x-3) = x^3 + 2x^2 - x + a$

X=2 ⇒

P(2-3)=$2^3 + 2.2^2 - 2 + a$

P(-1)=8+2.4-2+a

P(-1)=8+8-2+a

P(-1)=14+a

5=14+a ⇒ a = −9

Answer B

5. $P(x^2) = x^4 - 1. Q(\sqrt{x}) = x + 1 \Rightarrow P(x).Q(x) = ?$

A) $x^4 + 1$ B) $x^4 - 1$ C) $x^2 - 1$

D) $x^2 + 1$ E) $x^5 - 1$

(Solution):

$P(x^2) = x^{2^2} - 1$ $Q(\sqrt{x^2}) = x^2 + 1$

P(x)=$x^2 - 1$ $Q(x) = x^2 + 1$

P(x).Q(x)=$(x^2 - 1).(x^2 + 1)$

=$x^4 + x^2 - x^2 - 1$

=$x^4 - 1$

Answer B

6. m ∈ Z

$P(x) = x^{2m+2} + x^{2m+1} + 2 \Rightarrow P(-1) = ?$

A) 2   B) 3   C) 4

D) 5   E) 6

(Solution):

$P(x) = x^{2m+2} + x^{2m+1} + 2$

$P(-1) = (-1)^{2m+2} + (-1)^{2m+1} + 2$

$= 1 + (-1) + 2$

$= 2$

Answer A

7. $P(2-3x) = -2x^7 + 5x^3 + 2x^2 + 8 \Rightarrow P(5) = ?$

A) 3   B) 4   C) 5

D) 6   E) 7

(Solution):

$P(2-3x) = -2x^7 + 5x^3 + 2x^2 + 8$

$X = -1 \Rightarrow$

$P(2-3(-1)) = -2.(-1)^7 + 5.(-1)^3 + 2.(-1)^2 + 8$

$P(2+3) = -2.(-1) + 5.(-1) + 2.1 + 8$

$P(5) = 2 - 5 + 2 + 8$

=7

Answer E

8. $P(x)=2x^4 - ax^3 + x^2 - (3+b)x + 1$

$Q(x)=(c+1)x^4 - 2x^2 + 2x + 3$,

$P(x)+Q(x)= -x^2 + 4 \Rightarrow \qquad a+b+c = ?$

A)-7   B)-6   C)-5

D)-4   E)-3

(Solution):

$P(x)+Q(x)=(c+1+2)x^4 - ax^3 - x^2 + (2-3-b)x + 4$

$=(c+3)x^4 - ax^3 - x^2 + (-1-b)x + 4$

$(c+3)x^4 - ax^3 - x^2 + (-1-b)x + 4 = x^2 + 4$

C+3=0   -a=0   -1-b=0

c=-3   a=0   b=-1

a+b+c=0+(-1)+(-3)

=-4

Answer D

9. $P(x,y)=2x^2y^2 - 3xy^2 - 6x + 1 \Rightarrow p(3,\sqrt{2}) = ?$

A)1   B)2   C)3

D)4   E)5

(Solution):

$P(3.\sqrt{2}) = 2.3^2.(\sqrt{2})^2 - 3.3(\sqrt{2})^2 - 6.3 + 1$

=2.9.2-9.2-18+1

=36-18-18+1

=1

Answer A

10. $P(x) = x^3 + ax^2 - bx + 1, P(1) = 10 \Rightarrow a - b = ?$

A)4 B)5 C)6

D)7 E)8

(Solution):

$P(1) = 1^3 + a.1^2 - b.1 + 1 = 10$

1+a-b+1=10

a-b=8

Answer E

11. $P(x) = x^4 - 5x^2 + 4 \Rightarrow \dfrac{P(x) - Q(x)}{(x^2+1).(x+1)}$

$Q(x) = x^3 - 4x^2 + x + 6$

A)x-1 B)x+1 C)x-2

D)x+3 E)x-3

(Solution):

$$\frac{P(x) - Q(x)}{(x^2 + 1).(x + 1)}$$

$$= \frac{x^4 - 5x^2 + 4 - (x^3 - 4x^2 + x + 6)}{(x^2 + 1).(x + 1)}$$

$$= \frac{x^4 - 5x^2 + 4 - x^3 + 4x^2 - x - 6}{(x^2 + 1).(x + 1)}$$

$$= \frac{x^4 - x^2 - 2 - x^3 - x}{(x^2 + 1).(x + 1)}$$

$$= \frac{(x^2 - 2).(x^2 + 1) - x(x^2 + 1)}{(x^2 + 1).(x + 1)}$$

$$= \frac{x^2 - x - 2}{x + 1}$$

$$= \frac{(x - 2)(x + 1)}{x + 2}$$

=x-2

Answer E

12. $P(x)=(2k-1)x^3 + (k + 1)x^2 - x + k$

$P(-2)=36 \Rightarrow k = ?$

A)-3   B)-2   C)0

D)2   E)3

(Solution):

$P(-2)=(2k-1).(-2)^3 + (k+1)(-2)^2 - 2 + k$

$=(2k-1).(-8)+(k+1).4+2+k$

$=-16k+8+4k+4+2+k$

$=-11k+14$

-11k+14=36

-11k=22

K=-2

Answer B

13. $(x^2 + x + 1).P(x + 5) = x^3 - 1 \Rightarrow P(x) = ?$

A) x+6 B) x-5 C) x-6

D) x+5 E) x-1

(Solution):

$(x^2 + x + 1).P(x + 5) = x^3 - 1$

$P(x+5) = \dfrac{x^3 - 1}{x^2 + x + 1}$

$P(x+5) = \dfrac{(x-1).(x^2 + x + 1)}{x^2 + x + 1}$

P(x+5)=x-1

P(x-5+5)=x-5-1

P(x)=x-6

Answer C

14. $m, n \in Z^+$

$4x^2 - mx + 4 = (2x - n)^2 \Rightarrow m + n = ?$

A) 10   B) 12   C) 14

D) 16   E) 18

(Solution):

$4x^2 - mx + 4 = (2x - n)^2$

$4x^2 - mx + 4 = 4x^2 - 4nx + n^2$

$-mx + 4 = -4nx + n^2$

$-m = -4n$ (and) $n^2 = 4, n = 2$

$n = 2 \Rightarrow m = 8 \Rightarrow m + n = 10$

Answer A

15. $x^3 + ax^2 + bx + c = (x - 2).(x + 4).(x + 1)$

$\Rightarrow a.b.c = ?$

A) 96   B) 108   C) 120

D) 132   E) 144

(Solution):

$x^3 + ax^2 + bx + c = (x-2).(x+4).(x+1)$

$\qquad\qquad\qquad = (x^2 + 4x - 2x - 8).(x+1)$

$\qquad\qquad\qquad = (x^2 + 2x - 8)(x+1)$

$\qquad\qquad\qquad = x^3 + x^2 + 2x^2 + 2x - 8x - 8$

$\qquad\qquad\qquad = x^3 + 3x^2 - 6x - 8$

$x^3 + ax^2 + bx + c = x^3 + 3x^2 - 6x - 8$

$\qquad$ a=3, b=-6, c=-8

a.b.c=3.(-6).(-8)

=144

$\qquad\qquad\qquad\qquad$ Answer E

16. $P(x) = -3.x^{40} + 12.x^{20} - 12 \Rightarrow P(\sqrt[5]{2}) = ?$

A) -768 $\qquad$ B) -640 $\qquad$ C) -612

D) -588 $\qquad$ E) -542

(Solution):

$P(x) = 3.x^{5^6} + 12.(x^{5^4}) - 12$

$X = \sqrt[5]{2} \Rightarrow$

$P(\sqrt[5]{2})=-3((\sqrt[5]{2^5})^8 + 12((\sqrt[5]{2^5})^2 - 12$

$=-3 \cdot 2^8 + 12 \cdot 2^4 - 12$

$=-588$

Answer D

17. $P(2x+5)=(2x^2 + 3x - 1) \cdot Q(x + 1)$

$Q(-1)=3 \Rightarrow P(1) = ?$

A) 1   B) 2   C) 3

D) 4   E) 5

(Solution):

$P(2x+5)=(2x+3x-1) \cdot Q(x+1)$

X=-2 (for)

$P(2 \cdot (-2)+5)=(2 \cdot (-2)^2 + 3 \cdot (-2) - 1) \cdot Q(-2+1)$

$P(1)=(2 \cdot 4-6-1) \cdot Q(-1)$

$P(1)=Q(-1)$

$P(1)=3$

Answer C

18. $P(x)=ax^2 + bx + c, P(2) = 0, P(3) = 0$

$\Rightarrow \dfrac{a}{b} = ?$

A) $-\dfrac{1}{10}$ B) $-\dfrac{1}{5}$ C) $\dfrac{1}{5}$

D) $\dfrac{1}{10}$ E) $\dfrac{1}{2}$

(Solution):

$P(x) = ax^2 + bx + c$, $P(2) = a \cdot 2^2 + b \cdot 2 + c$

$= 4a + 2b + c \Rightarrow 4a + 2b + c = 0$

$P(3) = a \cdot 3^2 + b \cdot 3 + c$

$= 9a + 3b + c \Rightarrow 9a + 3b + c = 0$

$\qquad 4a + 3b + c = 0$

....

$\qquad -9a - 3b - c = 0$

$\qquad 4a + 2b + c = 0$

....

$\qquad -5a - b = 0$

$\qquad -5a = b$

$\qquad \dfrac{a}{b} = -\dfrac{1}{5}$

Answer B

19. $P(x) = -x^2 + 3x \cdot Q(x) = 5x^2 - x + 2$

$\Rightarrow P[Q(1)] + Q[P(-1)] = ?$

A)36 B)48 C)50

D)56 E)68

(Solution):

$Q(1)=5.1-1+2$, $P(-1)=-(-1)^2+3.(-1)$

$Q(1)=6$, $P(-1)=-1-3$

$P(-1)=-4$

$P[Q(1)]+Q[P(-1)]=P(6)+Q(-4)$

$=-6^2+3.6+5.(-4)^2-4+2$

=-36+18+5.16+4+2

=-36+18+80+4+2

=68

Answer E

20. $P(x+3)=2x^3+ax^2+x+1, P(4)=10 \Rightarrow a=?$

A)-6 B)-2 C)2

D)6 E)10

(Solution):

$P(x+3)=2x^3+ax^2+x+1, x=1 (for)$

$P(1+3)=2.1^3+a.1^2+1+1$

P(4)=2+a+2

P(4)=4+a

4+a=10

a=6

Answer D

21. $P(x^2 + 2) = x^8 + x^6 + ax^4 + 3$

$P(0)=47 \Rightarrow a = ?$

A)7 B)8 C)9

D)10 E)11

(Solution):

P(0)=47

$x^2 + 2 = 0 \Rightarrow x^2 = -2$

$P(-2+2)=(-2)^4 + (-2)^3 + a(-2)^2 + 3$

47=16-8+4a+3

47=11+4a

36=4a

a=9

Answer C

22. P(x+1)-5=xP(x)+Q(x)

P(1)=35

$\Rightarrow Q(0) = ?$

A)30   B)37   C)42

D)47   E)55

(Solution):

P(1)=35

Q(0)=? $\Rightarrow$

P(1)-5=0.P(0)+Q(0)

35-5=Q(0)

Q(0)=30

Answer A

QUESTIONS

1. $P(x) = x^3 + 3x^2 + x, Q(x) = 5x^2 + bx + 1$

$P(x)+Q(x) = x^3 + 8x^2 + 5x + 1 \Rightarrow b = ?$

A)1   B)2   C)3

D)4   E)5

(Solution):

$P(x)+Q(x)=x^3 + 3x^2 + x + 5x^2 + bx + 1$

$=x^3 + 8x^2 + bx + x + 1$

$= x^3 + 8x^2 + (b+1)x + 1$

$x^3 + 8x^2 + 5x + 1 = x^3 + 8x^2 + (b+1)x + 1$

$5 = b+1 \Rightarrow b = 4$

Answer D

2. $P(x)=x+1, Q(x)=x^2 + x$

$\Rightarrow P(x) + Q(x) = ?$

A) $x^2 - 2x$ B) $x^2 + 2x$ C) $(x-1)(x+1)$

D) $(x+1)^2$ E) $(x-1)^2$

(Solution):

$P(x)+Q(x)=x+1+x^2 + x$

$\qquad = x^2 + 2x + 1$

$\qquad = (x+1)^2$

Answer D

3. $P(x)=x^2 + 5x - 3, Q(x) = x + 1$

$\Rightarrow P[Q(-1)] + Q[P(2)] = ?$

A)14		B)11		C)9

D)-6		E)-4

(Solution):

Q(-1)=-1+1=0, P(2)=2^2 + 5.2 – 3

$\quad\quad\quad\quad$ P(2)=4+10-3

$\quad\quad\quad\quad$ P(2)=11

$P[Q(-1)] + Q[P(2)] = P(0) + Q(11)$

$\quad\quad\quad\quad\quad\quad = 0^2 + 5.0 - 3 + 11 + 1$

$\quad\quad\quad\quad\quad\quad = -3+12=9$

$\quad\quad\quad\quad\quad\quad\quad\quad$ Answer C

4. P(x)=$ax^2 + bx + c$, $P(1) = 0, P(2) = 0$

$\Rightarrow \dfrac{b}{a} = ?$

A)3		B)2		C)0

D)-2		E)-3

(Solution):

P(1)=$a.1^2 + b.1 + c = 0 \Rightarrow -1/a + b + c = 0$

$2^2 + b.2 + c = 0 \Rightarrow$

$$\begin{array}{r} 4a + 2b + c = 0 \\ -a - b - c = 0 \\ +4a + 2b + c = 0 \\ \hline 3a + b = 0 \end{array}$$

P(2)=a

$b = -3a$

$\dfrac{b}{a} = -3$

Answer E

5. $x^3 + ax^2 + bx + c = (x+2).(x-3).(x-1)$

$\Rightarrow \dfrac{c}{a} = ?$

A)3   B)2   C)1

D)-1   E)-3

(Solution):

$x^3 + ax^2 + bx + c = (x+2)(x-3)(x-1)$

$= (x^2 - 3x + 2x - 6)(x-1)$

$= x^3 - x^2 - x^2 + x - 6x + 6$

$x^3 + ax^2 + bx + c = x^3 - 2x^2 - 5x + 6$

a=-2, b=-5, c=6, $\dfrac{c}{a} = \dfrac{6}{-2} = -3$

Answer E

6. $a, b \in R$ $4x^2 - 5x + b = (2x - a)^2 = 0$

a+b=?

A) $\dfrac{5}{4}$ B) $\dfrac{25}{8}$ C) $\dfrac{25}{16}$

D) $\dfrac{35}{8}$ E) $\dfrac{45}{16}$

(Solution):

$4x^2 - 5x + b = (2x - a)^2$

$4x^2 - 5x + b = 4x^2 - 4ax + a^2$

-5=4a

$a = \dfrac{5}{4}$

$b = a^2$

$b = \left(\dfrac{5}{4}\right)^2 \Rightarrow b = \dfrac{25}{16}$

$a+b = \dfrac{5}{4} + \dfrac{25}{16} = \dfrac{20}{16} + \dfrac{25}{16} = \dfrac{45}{16}$

(4)

Answer E

7. $\dfrac{3x^2 - 2mx^2 - nx - 2}{0} \div \dfrac{x^2 - x - 2}{Q(x)} \Rightarrow m = ?$

(Solution):

$3x^2 - 2mx^2 - nx - 2 = (x - 2)(x + 1).Q(x)$

X=2 $\Rightarrow 24 - 8m - 2n - 2 = 0$

$\Rightarrow 11 = 4m + n$

X=-1 $\Rightarrow -3 - 2m + n - 2 = 0$

$\Rightarrow 2m - n = -5$

4m+n=11

2m-n=-5

....

6m=6

m=1

Answer D

1. $(2x+1)^3 = 8x^3 + ax^2 + bx + c \Rightarrow a+b+c = ?$

A) 12 B) 14 C) 16
D) 19 E) 21

2. $(a+x)\cdot(x^2 + ax + 2b) = x^3 + 3x^2 + 5x + c + 2$
$\Rightarrow 2a + c = ?$

A) 5 B) 6 C) 7
D) 8 E) 9

3. $P(x) = 3x^5 - x - 1 \Rightarrow P(1) = ?$

A) 0 B) 1 C) 2
D) 3 E) 4

4. $P(1-x) = 2x^2 + 2 \Rightarrow P(X) = ?$

A) $2x^2 - 4$ B) $2x^2 + 4x$ C) $2x^2 - 4x$
D) $2x^2 + 4x + 4$ E) $2x^2 - 4x + 4$

5. $P(x-2) = ax+b-2a \Rightarrow P(2-x) = ?$

A) -ax-b   B) ax-b   C) -ax+b+2a
D) -ax+2b+a   E) ax-b+2a

6. $P(x-2)=ax^6 - bx^3 + cx^2 - dx - 9$

$P(-3)=6 \Rightarrow a+b+c+d = ?$

A) 15 B) 16 C) 17 D) 18 E) 19

7. $P(x^3 + 1) = x^8 ++ a.x^6 - 3x^4 + 2$

$P(0)=20 \Rightarrow a = ?$

A) 20 B) 15 C) 10
D) 5   E) 2

8. $P(x)=x^7 + 4x + a, P(2) = 0 \Rightarrow ?$

A) -136 B) -120 C) -90
D) 136   E) 140

9. $P(x+2)=2x^4 - 3x - 2$

$Q(x)=3x^2 - 2x + 2 \Rightarrow P(0).Q(0) = ?$

A) 56 B) 64 C) 72
D) 76 E) 80

10. $P(x)=(3x-4).Q(x)+3$, $P(4)=19 \Rightarrow Q(4) = ?$

A) 1 B) 2 C) 3

D)4 E)5

11. $P(x-2)=(x-2)\cdot Q(x+2)+x+3, P(2)=15$
$\Rightarrow Q(6) = ?$

A)1 B)2 C)3
D)4 E)5

12. $P(x)=ax+b \Rightarrow P(1) - P(2) = ?$

A)-a B)-b C)2b
D)a E)b

13. $(x+3)\cdot P(x+3)+2=x^3 ax + 5 \Rightarrow P(3) = ?$

A)-2 B)-1 C)0 D)1 E)2

14. $P(x+1)=(x^2 + 2x - 1)\cdot Q(x) + x - 2$
$P(2)=11 \Rightarrow Q(1) = ?$

A)2 B)3 C)4
D)5 E)6

15. $P(x+3)=x^3 - 2x - 3 \Rightarrow P(-2) = ?$

A)-156 B)-144 C)-118
D)118 E)144

16. $P(x,y) = x^3 \cdot y - x^2 \cdot y^2 + 2 \cdot y^4$

$\Rightarrow P(\sqrt{5}, -\sqrt{5}) = ?$

A) -25   B) -5   C) 0

D) -2   E) 25

17. $P(x^2) = x^4 + 5x^2 + 8 \Rightarrow P(-3) = ?$

A) 1   B) 2   C) 3

D) -2   E) -3

18. $P(2x+1) = 2x+5 \Rightarrow P(x) = ?$

A) x+2   B) x+4   C) x+5

D) 2x+1   E) x·(x+3)

19. $P(x) = 2x^2 - 2x + 1$

$P(x+2) = P(x-2) \Rightarrow x = ?$

A) $-\dfrac{1}{4}$ B) $-\dfrac{1}{8}$ C) $\dfrac{1}{8}$

D) $\dfrac{1}{4}$ E) $\dfrac{1}{2}$

20. $P(x) = x^3 + 6x^2 + 12x + 8 \Rightarrow P(x-2) = ?$

A) $x^3 + 2$ B) $x^3 + 8$ C) x^3

D) $x^3 - 2$ E) $x^3 - 8$

21. $\dfrac{P(x+2)}{Q(X)} = 3x^2 - x - 15$, $\quad Q(-3) = 4$

$\Rightarrow P(-1) = ?$

A) 30   B) 40   C) 50   D) 2

22. $P(x-1) = 2x^2 + ax + b$

$P(x+1) = 2x^2 + x + 1 \Rightarrow a.b = ?$

A) -49   B) -21   C) -15

D) 2   E) 1

23. $P(x) = (x-2)^3 \Rightarrow P(\sqrt[3]{3} + 2) = ?$

A) -3   B) -4   C) 3   D) 2   E) 1

24. $P(x+1) = x^2 - 4x + 7 \Rightarrow P(1) = ?$

A) 9   B) 8   C) 7   D) 6   E) 5

25. $P(x) = x^3 - 3x^2 + 3x - 1 \Rightarrow P(x+1) = ?$

A) x^3 B) $2x - x^3$ C) $x^3 - 1$ D) $x^3 + 2x$ E) $1 - x^3$

(Answers)

1.D	2.B	3.B	4.E	5.C	6.A
7.A	8.A	9.C	10.B	11.D	12.A
13.D	14.E	15.C	16.A	17.B	18.B
19.E	20.C	21.D	22.A	23.C	24.C
25.A					

1. $P(x) = x^2 + 2x$

$Q(x) = x-3 \Rightarrow P[Q(4)] + 2 \cdot Q[P(1)] = ?$

A) 0 B) 1 C) 2

D) 3 4) 4

2. $P(2x+1) = 4x+5 \Rightarrow P(3) = ?$

A) -1 B) 4 C) 5

D) 9 E) 11

3. $P(x+2) = 4x^2 + mx + 5$

$P(4) = 51 \Rightarrow m = ?$

A) 2 B) 4 C) 5

D) 6 E) 7

4. $P(x) = 2x^3 + (m-2)x^2 + 4x + 5$

$P(x) = (x-3) \cdot Q(x) + 116$

A) 4 B) 5 C) 6

D) 7 E) 8

5. $P(x+1) = x^3 - 4x^2 + x + m$

$P(x+1) = (x-2) \cdot Q(x) + 10 \Rightarrow m = ?$

A)6   B)10   C)12

D)16   E)18

6. $P(x+1) = x^2 - 3x \Rightarrow P(x) = ?$

A) $x^2 - 2x + 1$ B) $x^2 - 5x + 4$ C) 2
$x^2 - 6x + 3$

D) $x^2 - 4x + 2$ E) $x^2 - 5x - 2$

7. $P(2x+4) = x^3 - 4x^2 + 1 \Rightarrow P(5) = ?$

A) 1   B) $\dfrac{1}{2}$ C) $\dfrac{1}{4}$

D) $\dfrac{1}{4}$ E) $\dfrac{1}{64}$

8. $P(x) = 2\sqrt{2}x + 12 \Rightarrow P(\sqrt{2}) = ?$

A) 5   B) 8   C) 16

D) $4\sqrt{2}$ E) $\sqrt{2} + 12$

9. $ax^3 + 2x^2 + bx + c = (x+1).(x-2).(x+3)$

$\Rightarrow a + b + c = ?$

A) -9   B) -10   C) 13

D) 14   E) 21

10. $P(x,y)=4x^2y^3 - 2x^2 + y^2x + 16 \Rightarrow P(-1,1) = ?$

A) -2   B) 7   C) 17

D) 19   E) 20

11. $P(x)=x^3 - ax^2 + bx + 7$

$P(2)=0$

$P(1)=4 \Rightarrow a = ?$

A) $\dfrac{1}{2}$ B) $\dfrac{2}{3}$ C) $\dfrac{7}{2}$

D) 4   E) 16

12. $P(x)=9x^2 + 8x$

$Q(x)=4x+3 \Rightarrow P[Q(2)] - Q[P(3)] = ?$

A) 211   B) 105   C) 754   D) 801

E) 902

13. $P(x)=6x^2 + 4x + 3 + b$

$P(x)=(x-1) \cdot Q(x)+27 \Rightarrow b = ?$

A) 12   B) 13   C) 14

D) 15   E) 16

14. $P(x)=2x^2 + 4x - 10 \Rightarrow P(-3) = ?$

A) -5   B) 13   C) 14

D)15   E)16

15. $P(x) = 4x^2 + 7x - 8$

$Q(x) = 3x^3 + 5x^2 - 4x - 7$

$P(x) + Q(x) = T(x) \Rightarrow T(1) = ?$

A)-2   B)-1   C)0

D)15   E)24

16. $P(x-2) = 4x^3 + 5x^2 - 6 \Rightarrow P(-1) = ?$

A)-4   B)3   C)2

D)4   E)12

17. $P(x) = 2x^2 + ax + b$

$P(1) = 0 \Rightarrow a + b = ?$

A)-2   B)4   C)10

D)12   E)14

18. $P(x+2) = 3x^3 + ax^2 + x + 1$

$P(3) = 8 \Rightarrow a = ?$

A)0   B)1   C)2   D)3   E)4

19. $P(x) = x^2 + 4x - 5 \Rightarrow \dfrac{P(x) + Q(x)}{(x-1)(x+1)} = ?$

Q(x)=4-4x

A)0 B)1 C)2
D)3 E)4

20. P(x)=4x+3

Q(x)=2x+1 ⇒ $P(x) \cdot Q(x) = ?$

A) $2x^2 + 5x + 4$ B) $8x^2 + 10x + 3$ C)
$5x^2 - 2x + 3$

D) $-8x^2 - 5x + 3$ E) $2x^2 - 10x + 5$

21. P(x)=$x^2 + 4x$ ⇒ $P(P(-4)) = ?$

A)0 B)1 C)2 D)3
E)4

22. P(x)=$(x^2 - 3x + 2)$, $Q(x) = 4x^3 + x^2$

⇒ $P(1) + Q(2) = ?$

A)32 B)36 C)47 D)54
E)60

23. P(x)= $x^3 + 1$ $\dfrac{P(x)}{2} \div \dfrac{x-1}{Q(X)}$

⇒ $Q(0) = ?$

A) $\dfrac{1}{2}$ B) 1 C) $-\dfrac{1}{2}$ D) -1 E) -2

24. $P(x) = ax^2 + bx + c$

$P(0) = 2$ $\Rightarrow a + b + c = ?$

$P(1) = 8$

A) 8 B) 6 C) 4

D) 2 E) 0

(Answers)					
1.D	2.D	3.E	4.D	5.D	6.E
7.D	8.C	9.A	10.C	11.C	12.C
13.C	14.B	15.C	16.B	17.A	18.D
19.B	20.B	21.A	22.B	23.D	24.C

1. $P(x+1)=x^2-4x+5 \Rightarrow P(2-x) = ?$

A) x^2-x+2
B) x^2+2x+2
C) x^2+x-2
D) x^2-x+1
E) x^2-2x-1

2. $P(x-2)=x^2+x-6 \Rightarrow P(x+2) = ?$

A) $x^2+9x+14$
B) x^2+7x+7
C) $x^2-9x-14$
D) x^2-7x+7
E) x^2+8x

3. $P(x,y)=x^3+3x^2y+3xy^2+y^3$

$\Rightarrow P(\sqrt[3]{4}+2, \sqrt[3]{4}-2) = ?$

A) 64   B) 32   C) 16   D) 8   E) 4

4. $P(x,y)=x^2-4xy+4y^2$

$\Rightarrow P(2\sqrt{2}, 2\sqrt{2}) = ?$

A) 12   B) 8   C) 4   D) 2   E) 0

5. $P(x+2)=ax^2+6x^2+3x-2$

P(1)=2a-5 $\Rightarrow P(3) = ?$

A)1   B)-1   C)-2   D)5
E)9

6. P(x+1)=$mx^2 + x + 1$

P(0)=3 $\Rightarrow P(-1) = ?$

A)11   B)10   C)7   D)5
E)1

7. P(x+2)=$-3x^4 + 2x^2 + 4x - 2$

$\Rightarrow P(1) - P(0) = ?$

A)43   B)18   C)8   D)4   E)2

8. P(2x-3)=$-8x^3 + 2x + 4$ $\Rightarrow P(0) = ?$

A)-28   B)-20   C)-12   D)-4   E)8

9. P($\frac{x}{2}$) = $5x^5 + 4x^3 + 15x - 7$

$\Rightarrow P(0) = ?$

A)-5   B)-6   C)-7   D)-8   E)-9

10. $P(x-2) = \dfrac{x^2 - 5x - 8}{Q(2x-1)} - x$

   $P(-1) = 23 \Rightarrow Q(1) = ?$

   A) 18 B) 7 C) -3 D) $-\dfrac{1}{2}$ E) $-\dfrac{7}{2}$

11. $P(x-1) \cdot Q(x+3) = x^3 - 3x^2 - 4$

   $P(0) = -3 \Rightarrow Q(4) = ?$

   A) -3 B) -2 C) 0 D) 1 E) 2

12. $P(x-2) = 2x^2 - 3x - 6$

   $\Rightarrow P(\sqrt{2}) = ?$

   A) $-\sqrt{2} + 1$ B) $-3\sqrt{2}$ C) $2\sqrt{2}$ D) $4\sqrt{2} + 1$ E) $5\sqrt{2}$

13. $P(x+1) = x^2 + x + 1$

   $P(\sqrt{3}) = ?$

   A) $5\sqrt{3}$ B) $3 + \sqrt{3}$ C) $2 + \sqrt{3}$ D) $\sqrt{3}$ E) $4 - \sqrt{3}$

14. $P(x-2) = x^2 - 4x + 4$

   $\Rightarrow P(x+2) = ?$

A) $x^2 + 4x + 4$ B) $x^2 - 3x + 4$ C) $x^2 - 2x - 3$

D) $x^2 + 4$ E) $x^2 - 5x + 3$

15. $\dfrac{25x - 9}{x^2 + 4} = \dfrac{A}{x - 1} + \dfrac{B}{x + 1}$

$\Rightarrow A + B = ?$

A) 5 B) 8 C) 12 D) 17
E) 25

16. $P(x) = x^2 - 3x + 1$ $\Rightarrow P(2x - 4) = ?$

A) $3x^2 - 8x - 7$ B) $4x^2 + 5x + 9$ C) $4x^2 - 22x + 29$

D) $5x^2 + 4x + 10$ E) $2x^2 + x + 17$

17. $P(3x+8) = 5x^2 + 3x - 4$

$\Rightarrow P(-1) = ?$

A) 32 B) 24 C) 18 D) 8
E) 2

18. $P(1-x) = -3x+5$ $\Rightarrow P[P(2)] = ?$

A) 24 B) 26 C) 32 D) 48
E) 57

19. $P(2x+2) = x^2 + 1 \Rightarrow P(P(0)) = ?$

A)-3 B)1 C)5 D)8
E)17

20. $\dfrac{-7x+7}{x^2 - 5x + 6} = \dfrac{A}{x-3} + \dfrac{B}{X-2} \Rightarrow A + 2B = ?$

A)-5 B)0 C)7 D)17
E)20

21. $\dfrac{P(x+1)}{Q(2x+1)} = x^2 + 10x + 3$

$P(0) = -18 \Rightarrow Q(-1) = ?$

A)-1 B)3 C)4 D)5
E)6

22. $P(2x-3) = 4x-6 \Rightarrow P(2x) = ?$

A)2x B)4x C)6x D)8x
E)9x

23. $P(x-2) = Q(x) \cdot (x^2 - x - 2) + x^3$

$\Rightarrow P(0) = ?$

A)2 B)4 C)6 D)8
E)10

24. $\dfrac{\dfrac{P(x)}{13}}{\dfrac{x+2}{x^2-3}} \Rightarrow \dfrac{P(0)}{P(-2)} = ?$

A) $\dfrac{7}{13}$ B) 3 C) $\dfrac{10}{3}$ D) $\dfrac{13}{2}$
E) 10

(Answers)					
1.B	2.A	3.B	4.B	5.E	6.A
7.A	8.B	9.C	10.D	11.E	12.E
13.E	14.A	15.E	16.C	17.A	18.B
19.B	20.B	21.B	22.B	23.D	24.A

www.ingramcontent.com/pod-product-compliance
Lightning Source LLC
Chambersburg PA
CBHW070317220526
45465CB00004B/1884